BIBLIOGRAPHIE.

THÉORIE ÉLÉMENTAIRE DES CONVERGENTS

DES FONCTIONS D'UNE SEULE VARIABLE,

Avec ses applications à la détermination 1° des lignes asymptotiques aux courbes représentées par ces fonctions; 2° de la vraie valeur des fonctions qui se présentent sous une forme indéterminée : suivie d'un examen critique des méthodes usitées pour la résolution de cette dernière question.

Par Henri FLEURY,

CHEF D'INSTITUTION A MARSEILLE, LICENCIÉ ÈS SCIENCES MATHÉMATIQUES.

« Je ne vois que des infinis de toutes parts. »

(PASCAL.)

Sous le titre de *Bibliographie*, M. Gérono publie dans les *Nouvelles Annales Mathématiques* du mois de février (page 87), un article curieux, qui montre jusqu'où peuvent aller l'égarement et les contradictions d'un géomètre qu'un parti pris oblige à soutenir, malgré et contre tout, une proposition d'une absurdité répugnante, *granitique*, selon l'expression de Terquem.

Il ne dit pas, dans cet article, un seul mot de la *Théorie des Convergents*, qu'il ne paraît pas avoir lu avant d'en publier le soit disant compte-rendu. Sa discussion porte uniquement sur l'exemple que je présente dans l'*Avertissement*, pour faire ressortir le défaut et l'insuffisance du calcul auquel je substitue celui des *convergents*. La méthode que je critique conduit, dans cet exemple, à un résultat faux : M. Gérono le reconnaît ; mais il prétend que l'erreur vient de la réduction que je fais de deux termes parfaitement identiques et de signes contraires.

Pour la réfutation de cet article, je pourrais renvoyer le lecteur à la *Théorie* même *des Convergents :* il la trouverait là complète et surabondante; mais je préfère la résumer ici en l'appropriant au texte du compte rendu, rapporté un peu plus loin (page 83).

Lorsqu'il s'agit de trouver la limite d'une expression telle que

$$\sqrt{x^2+6x+8}-\sqrt{x^2-2x+3},$$

correspondante à $x=\infty$, les auteurs prescrivent la règle suivante :

Multipliez et divisez la différence des radicaux par leur somme; ce qui donne, après réduction,

$$\frac{8x+5}{\sqrt{x^2+6x+8}+\sqrt{x^2-2x+3}};$$

divisant ensuite tous les termes par x, vous trouvez

$$\frac{8+\frac{5}{x}}{\sqrt{1+\frac{6}{x}+\frac{8}{x^2}}+\sqrt{1-\frac{2}{x}+\frac{3}{x^2}}}.$$

Supprimant maintenant ceux qui deviennent nuls en même temps que x infini; vous obtenez enfin $\frac{8}{2}$ ou 4 pour la limite cherchée.

Ce calcul, qui paraît rigoureux, n'est pas à l'abri de toute objection; car les termes que j'ai supprimés comme nuls, ne deviennent pas absolument nuls, mais seulement infiniment petits en même temps que x infini; et le droit de les supprimer partout, sans altérer le résultat cherché, n'est et ne peut être établi nulle part. A la vérité, on pourrait l'admettre comme un principe évident, si son application conduisait nécessairement et toujours à des résultats parfaitement exacts; mais elle peut conduire, au contraire, à des résultats très-faux.

J'en trouve un exemple remarquable dans la démonstration par laquelle on établit, en *analyse*, la formule $\lim \frac{F(x)}{f(x)} = \lim \frac{F'(x)}{f'(x)}$, qu'on n'étend au cas où une valeur infinie de x rend aussi infinis les deux termes de la fraction $\frac{F(x)}{f(x)}$, qu'en supprimant, comme nuls, des termes qui restent infiniment petits, sans devenir jamais absolument nuls. Aussi la démonstration est-elle, dans ce cas, illusoire et la formule fausse (voyez le chapitre 2 de la 2me partie de la *Théorie des Convergents*).

Afin d'offrir un exemple en rapport avec celui qui vient d'être traité, et pour lequel cependant un calcul semblable donne un résultat faux, j'avais, dans l'article offert aux *Annales Mathématiques*, appliqué ce même calcul à la différence de radicaux que renferme l'expression

$$\sqrt{x^4+ax^3+bx^2+cx+d}-\sqrt{x^4+a'x^3+b'x^2+c'x+d'}-\left(\frac{a-a'}{2}\right)x.$$

Ainsi, multipliant et divisant cette différence par la somme des radicaux, puis divisant encore tous les termes par x^2, et supprimant enfin ceux qui ont x au dénominateur, on trouve que la différence des radicaux se réduit à $\left(\frac{a-a'}{2}\right)x+\frac{b-b'}{2}$, et que, par suite, l'expression proposée se réduit à

$$\left(\frac{a-a'}{2}\right)x+\frac{b-b'}{2}-\left(\frac{a-a'}{2}\right)x,$$

ou simplement à $\frac{b-b'}{2}$, puisque le premier et le dernier terme se détruisent.

Or le résultat trouvé de cette manière pour la différence des radicaux est très-faux, et par suite aussi le résultat définitif. Dans l'un comme dans l'autre il manque le terme $-\frac{a^2-a'^2}{8}$, et la *Théorie des Convergents* donne $\frac{b-b'}{2}-\frac{a^2-a'^2}{8}$, au lieu de $\frac{b-b'}{2}$, pour la limite cherchée.

M. Gérono, qui croit le calcul bon, et ne sait pas que, chemin faisant, il a perdu le terme $-\frac{a^2-a'^2}{8}$, veut absolument que l'erreur se commette en supprimant le premier et le dernier terme.

Les deux termes $\left(\frac{a-a'}{2}\right)x$, $-\left(\frac{a-a'}{2}\right)x$ étant absolument identiques et de signes contraires, je dis qu'ils se détruisent, et voilà ce que M. Gérono appelle « l'erreur de « mes principes fondamentaux (page 83). » Pour lui, « les « deux termes dont il s'agit ne se détruisent pas, parce « qu'ils ne proviennent que de l'hypothèse $x=\infty$

« (page 84), » et c'est la proposition que je dis d'une absurdité granitique.

M. Prouhet a découvert, le premier, l'erreur de mes principes fondamentaux, qu'il a signalée en m'écrivant : « Vous faites des calculs sur l'infini, » et c'est là ce qu'il appelle son *objection fondamentale ;* mais c'est à M. Gérono qu'était réservée la gloire de « mettre cette objection « dans tout son jour; » écoutons-le (page 84) :

« Quand deux termes se détruisent, on peut les sup-« primer, rien n'est plus certain; mais les deux termes, « $\left(\frac{a-a'}{2}\right)x$, $-\left(\frac{a-a'}{2}\right)x$, dont il s'agit ici, ne se « détruisent pas, généralement du moins, parce qu'ils ne « proviennent que de l'hypothèse $x=\infty$, qui les rend « infinis l'un et l'autre, et leur suppression revient à « substituer 0 à $0\times\infty$, ou si l'on veut, à remplacer « $\infty-\infty$ par 0. En voici une démonstration détaillée. « Considérons l'expression

$$« \quad \frac{(a-a')x+(b-b')+\delta}{2(1+\varepsilon)}-\left(\frac{a-a'}{2}\right)x,$$

« où δ et ε représentent des fonctions de x qui s'annulent « pour $x=\infty$. L'hypothèse $x=\infty$ réduit cette expres-« sion à $\left(\frac{a-a'}{2}\right)x+\frac{b-b'}{2}-\left(\frac{a-a'}{2}\right)x$. »

Un instant, M. Gérono; vous nous annoncez une démonstration détaillée : le détail, s'il vous plaît, de l'opération qui vous donne ce résultat. — Oh! il est bien simple, je biffe δ et ε, et le tour est fait. Soit l'exemple

$\dfrac{3x+5-\dfrac{12}{x}}{2\left(1+\dfrac{3}{x}\right)}-\dfrac{3x}{2}$; je biffe $-\dfrac{12}{x}$ et $\dfrac{3}{x}$, ce qui me donne du coup $\dfrac{3x}{2}+\dfrac{5}{2}-\dfrac{3x}{2}$. — Le moyen est on ne peut plus simple, mais est-il juste? On n'en saurait douter, puisque c'est votre manière ordinaire d'opérer. Cependant lorsque je fais la division du numérateur par le dénominateur, je trouve que la fraction $\dfrac{3x+5-\dfrac{12}{x}}{2\left(1+\dfrac{3}{x}\right)}$ égale $\dfrac{3x}{2}-2$ très-exactement; par suite, l'expression proposée égale très-exactement $\dfrac{3x}{2}-2-\dfrac{3x}{2}$ ou -2; donc, pour toute valeur de x, négative ou positive, finie ou infinie, la valeur de l'expression proposée est toujours négative et invariablement égale à -2. J'en connais qui seraient fort embarrassés de dire comment -2 peut devenir égal à $\dfrac{5}{2}$; mais il n'y a pas de difficulté pour M. Gerono : il lui suffit de dire que le $\dfrac{3x}{2}$ qui est à un bout de l'expression $\dfrac{3x}{2}+\dfrac{5}{2}-\dfrac{3x}{2}$, n'égale pas celui qui est à l'autre bout. Ce n'est pas plus difficile que cela.

« Si, comme l'affirme l'*Avertissement*, le premier et le « troisième terme se détruisent, l'expression considérée « est nécessairement réduite à $\dfrac{5}{2}$ par l'hypothèse $x=\infty$,

« c'est ce qu'il faut bien se garder de croire. » (Page 84.)

Ici l'auteur s'élance à perte de vue dans une région de brouillards, d'où il revient raconter en ces termes ce qu'il a découvert : (Page 85.)

« Par conséquent la réduction des deux termes « $\left(\frac{a-a'}{2}\right)x$, $-\left(\frac{a-a'}{2}\right)x$, dont le premier ne provient « que de l'hypothèse $x=\infty$, n'est pas mieux fondée en « principe que l'égalité $0\times\infty=0$..... »

Bravo ! M. Gérono, voilà une conséquence bien tirée; continuez, vous êtes en bon chemin. Allons, M. Prouhet, un coup d'épaule pour la mise en marche :

« ...et supprimer alors les termes $\left(\frac{a-a'}{2}\right)x$, $-\left(\frac{a-a'}{2}\right)x$, « c'est, comme le fait observer M. Prouhet, étendre à des « expressions qui ne représentent aucune quantité finie, « les règles du calcul des quantités finies. »

Ainsi, c'est en France, et en l'an de grâce 1865, que les deux rédacteurs des *Nouvelles Annales Mathématiques*, qui écrivent pour l'élite des jeunes géomètres, et se donnent la mission de les préserver de l'égarement dans lequel pourrait les faire tomber la lecture de la *Théorie des Convergents*, réunissent les efforts de leur intelligence pour découvrir et révéler au monde savant, cette merveilleuse doctrine qui apprend comment les différences telles que $x-x$, $\left(\frac{a-a'}{2}\right)x-\left(\frac{a-a'}{2}\right)x$, regardées jusqu'à ce jour comme identiquement nulles, conformément à la vieille et invariable routine des algébristes, peuvent cependant avoir des valeurs très-diverses, selon l'origine de chaque terme, et surtout le besoin actuel de l'auteur qui s'est fourvoyé dans un faux calcul.

Avez-vous fait une grosse bévue, et trouvé, comme M. Gérono, que « l'hypothèse $x = \infty$ réduit l'expression « $x - \dfrac{x}{1+\dfrac{1}{x}}$ à $x - x$ (page 85) » ? affirmez que votre calcul est bon; et si l'on vous montre, ou si vous reconnaissez vous-même, au moyen d'un autre calcul, que la limite cherchée est 1 et non zéro, dites que $x - x$ n'égale pas zéro dans le cas actuel; qu'on ne peut pas, par conséquent, réduire les deux termes $x, -x$, puisque leur réduction donnerait l'égalité $1 = 0$.

Vous désirez, par exemple, déterminer la limite de $\left(1+\frac{1}{x}\right)^x - 1$ pour x infini; biffez vite le terme $\frac{1}{x}$, et sans plus de peine, vous trouvez que l'hypothèse $x = \infty$ réduit votre expression à $1 - 1$, ou zéro. On ne va pas manquer de vous répondre que ce résultat est faux, puisque la limite cherchée est $e - 1$ et non zéro; affirmez que vous n'avez pas trouvé zéro, « puisque $1 - 1$ n'égale pas zéro, « généralement du moins, attendu que le premier 1 ne pro- « venant que de l'hypothèse $x = \infty$, il n'est pas étonnant « qu'il surpasse l'autre, et c'est d'autant plus vrai que si « l'on avait $1 - 1 = 0$, il en résulterait $e - 1 = 0$. »

Avez-vous à faire à quelque esprit incrédule? jetez-lui une poignée de poudre aux yeux en lui lisant ce texte de M. Gérono :

« La réduction des deux termes 1, — 1, dont le pre-
« mier ne vient que de l'hypothèse $x = \infty$, n'est pas mieux
« fondée en principe que l'égalité $0 \times \infty = 0$. » (Page 85.)

Pendant qu'il se frotte les yeux, lancez-lui encore une poignée de poudre en lui récitant cet autre passage du compte rendu :

« Les deux termes dont il s'agit ici ne se détruisent pas,
« généralement du moins, et leur suppression revient à
« substituer 0 à $0 \times \infty$, ou si l'on veut, à remplacer
« $\infty - \infty$ par 0 » (page 84).

Qui pourrait croire, après cela, que « M. Prouhet n'a
« jamais pu me convaincre de l'erreur qui existe dans mes
« principes fondamentaux, même en y mettant des soins
« qui n'ont eu pour limite que l'évidence de leur inutilité,
« comme le prouve suffisamment une correspondance »
dont le lecteur peut voir un échantillon dans la lettre qui termine l'avertissement de la *Théorie des Convergents* ?

Il n'en sera pas de même de vous, M. Gerono. Le petit exemple que vous avez choisi dans l'expression $x - \dfrac{x}{1+\dfrac{1}{x}}$ vaut son pesant d'or, et je ne puis terminer sans y revenir encore une fois.

Tout d'abord vous faites disparaître $\dfrac{1}{x}$ sous un coup de plume ; puis ayant trouvé de cette manière que l'hypothèse $x = \infty$ réduit votre expression à $x - x$, vous ajoutez :
« Pour toute valeur finie de x on a évidemment

« $$x - \frac{x}{1+\frac{1}{x}} = \frac{1}{1+\frac{1}{x}}.$$ »

C'est très-vrai, même pour toute valeur infinie de x, car les deux membres sont parfaitement identiques. Si le calcul qui vous a fourni $x-x$ est très-faux, celui qui vous donne maintenant $\frac{1}{1+\frac{1}{x}}$, est très-juste, ne le cachez donc pas Vous réduisez, n'est-ce pas, au même dénominateur? ce qui vous donne

$$\frac{x+1}{1+\frac{1}{x}}-\frac{x}{1+\frac{1}{x}} \text{ ou } \frac{x+1-x}{1+\frac{1}{x}};$$

mais ensuite, comment obtenez-vous $\frac{1}{1+\frac{1}{x}}$? Evidemment en supprimant $x-x$, au moment même où vous vous escrimez à prouver qu'on ne peut réduire ces deux termes, et que leur réduction conduit à l'égalité $1=0$; en faisant ainsi en cachette la réduction qui constitue l'erreur de mes principes fondamentaux. M. Gérono, tirez-vous de là.

Par la division on trouve $\frac{x}{1+\frac{1}{x}}=x-1+\frac{\frac{1}{x}}{1+\frac{1}{x}}$, ou en série, $\frac{x}{1+\frac{1}{x}}=x-1+\frac{1}{x}-\frac{1}{x^2}+\ldots$; et, par suite, $\lim\left(x-\frac{x}{1+\frac{1}{x}}\right)=x-x+1$; ainsi, de toute manière, on n'obtient la vraie limite 1 qu'après avoir supprimé $x - x$. Mais puisque $x - x$ n'égale pas zéro pour vous, cette différence a une tout autre valeur, finie ou infinie, vous ne le dites pas : soit z cette valeur; vous deviez donc trouver $\frac{1+z}{1+\frac{1}{x}}$, et non $\frac{1}{1+\frac{1}{x}}$. Encore une fois, M. Gérono, tirez-vous de là.

Le petit stratagème de M. Gérono est maintenant, je pense, bien compris. Mon calcul réduit $x - \frac{x}{1+\frac{1}{x}}$ à $x - x + 1$ pour x infini, et, en supprimant $x - x$, j'ai 1 pour la limite cherchée. M. Gérono, par deux opérations différentes, obtient les deux résultats $x - x$ et $x - x + 1$. Le premier est faux et évidemment égal à zéro, le second est bon et égal à 1; mais il les croit l'un et l'autre exacts et égaux à l'unité. Cependant si $x - x = 1$, le second résultat $x - x + 1$ égale 2. Comment lever la difficulté? C'est facile pour M. Gérono; supposant le premier $x - x$ égal à 1, il escamote celui du second résultat en disant: « Pour $x = \infty$, on a évidemment

« $$x - \frac{x}{1+\frac{1}{x}} = \frac{1}{1+\frac{1}{x}} = 1\,. »$$

S'il donnait le détail de ce calcul, on verrait qu'il supprime $x - x$ comme nul; mais comme il fait son calcul en cachette, cela lui donne le droit de conclure : « par conséquent la réduction des deux termes x, $-x$ conduit à « l'égalité $1 = 0$, » et de fil en aiguille, mon erreur, qui consiste à supprimer $x - x$ comme nul.

Dans son autre exemple, le tour se fait sur une plus grande échelle, et la ficelle n'en est que plus apparente. En effet, il est bien visible que l'auteur n'obtient l'identité

$$\frac{(a-a')x+(b-b')+\delta}{2(1+\varepsilon)}-\left(\frac{a-a'}{2}\right)x=\frac{(b-b')+\delta}{2(1+\varepsilon)}+\frac{\alpha x}{2}$$

qu'en réduisant, dans le premier membre, les deux termes $\frac{(a-a')x}{2(1+\varepsilon)}$, $-\frac{(a-a')x}{2(1+\varepsilon)}$. C'est donc en supprimant ces deux termes qu'il croit prouver qu'on n'a pas le droit de les supprimer, et que leur « réduction n'est pas mieux fondée « en principe que l'égalité $0\times\infty=0$. »

Je ne veux pas terminer sans présenter une réponse plus directe à cette objection fondamentale de M. Prouhet : « Vous faites des calculs sur l'infini, et cela n'a de sens pour « personne ; » objection que M. Gérono reproduit en ces termes : « et supprimer les termes $\left(\frac{a-a'}{2}\right)x$, $-\left(\frac{a-a'}{2}\right)x$, « c'est, comme le fait observer M. Prouhet, étendre à des « expressions qui ne représentent aucune quantité finie « les règles du calcul des quantités finies. »

Vous n'étendez pas aux quantités infinies les règles du calcul des quantités finies? Pourquoi, et quelles règles leur appliquez-vous? Aucunes, dites-vous. Cependant vouloir la valeur de $x-\frac{x}{1+\frac{1}{x}}$ pour x infini, c'est bien demander de combien le premier terme infini surpasse le second, qui est aussi infini. Pourquoi, au lieu de poser et de résoudre vous-même la question, ne déclarez-vous pas tout d'abord qu'elle est absurde? Vous me direz qu'en empruntant le langage propre à la méthode des limites, vous posez la question autrement. Je le veux bien, et je n'ai point à discuter ici quel est le langage le mieux approprié à la nature des choses, quel est celui qui convient le mieux au point de vue objectif ou subjectif; il me suffit de répondre que si une question est absurde dans une langue, elle doit l'être traduite dans toute autre.

Par cela seul qu'une règle, qu'un principe algébriques, sont établis à l'aide de lettres qui représentent des quantités quelconques, ils s'appliquent indistinctement aux quantités de tous les ordres possibles, finies, infiniment petites ou infiniment grandes.

Ainsi, que x soit infiniment petit ou infiniment grand, je diviserai deux polynômes en x d'après la règle ordinaire de l'algèbre; et si j'ajoute le reste de la division au produit du diviseur par le quotient, pour égaler leur somme au dividende, j'obtiendrai nécessairement une identité incontestable.

Un sauvage peut ne savoir compter que jusqu'à 3, et ignorer que 2 et 2 font 4; mais, sans savoir ce que vaut x, ce que c'est qu'un mètre, il est indubitable pour lui qu'un mètre égale un mètre, que $x - x$ égale zéro. Sans MM. Prouhet et Gérono, il est très-probable que deux habitants de notre planète ne se seraient jamais entendus pour contester cette proposition, la plus incontestable de toutes.

Quelques lecteurs ne seront peut-être pas plus étonnés de l'absurdité en elle-même, que de la peine que je prends à la réfuter, et de la patience avec laquelle je tiens, selon le dicton grec, l'écuelle de celui qui s'obstine à vouloir traire un bouc. Je les prierai de considérer combien est blâmable la facilité avec laquelle on fait passer tout ce qu'on veut sur le compte des quantités infinies pour s'affranchir de certaines difficultés ou pour se poser des barrières qu'on se donne le plaisir de franchir. Le grand *Traité de calcul différentiel* de M. Bertrand nous en fournit un exemple. J'ai déjà rapporté et discuté dans la *Théorie des Convergents* (page 36) cette proposition : « car x_0 étant infini, « ne peut pas figurer dans les calculs comme une quantité « déterminée ».

Comment l'algèbre peut-elle lire sur la physionomie d'une lettre qu'elle représente une quantité déterminée ou indéterminée, finie ou infinie, pour la traiter selon sa qualité ou sa grandeur et surtout son origine?

La proposition se trouve énoncée à la page 473 du *Calcul différentiel* de M. Bertrand; si vous voulez tourner le feuillet, vous lirez cette autre phrase :

« Le raisonnement précédent est en défaut lorsque la « quantité désignée par A est nulle ou infinie; il n'est pas « permis en effet, dans ce cas, de supprimer le facteur « commun aux deux termes de l'équation $A = A^2 \lim \frac{f'(x)}{\varphi'(x)}$, « on peut s'assurer cependant que la règle est exacte. »

Cette phrase renferme trois propositions également fausses. 1° Puisque A représente absolument la même quantité dans les deux membres, on peut diviser ceux-ci par A, aussi bien quand sa valeur est infiniment grande ou infiniment petite que quand elle est finie; 2° donc le raisonnement n'est pas plus en défaut dans un cas que dans l'autre; 3° on ne peut pas s'assurer que la règle est exacte, et cela pour une raison très-simple, c'est qu'elle ne l'est pas.

J'ai fait voir dans la *Théorie des Convergents* que la démonstration générale pèche par la base et non du côté que l'auteur prend la peine de fortifier au moyen d'une démonstration particulière. Aussi cette démonstration particulière n'atteint pas son but, puisque l'auteur, qui vient d'établir que la règle ne souffre aucune exception, en signale lui-même une dans l'exemple que renferme ce passage de la page 476 :

« La démonstration que nous avons donnée suppose « l'existence d'une limite déterminée pour la fraction con- « sidérée ; elle cesse d'être applicable lorsque la quantité « désignée par A est en réalité indéterminée.

« Il peut arriver aussi que le rapport des dérivées soit « indéterminé lors même que la fraction a une limite dé- « terminée. Par exemple, $\frac{x - \sin x}{x + \cos x}$ tend évidemment vers « l'unité lorsque x augmente indéfiniment, et le rapport « des dérivées $\frac{1 - \cos x}{1 - \sin x}$ est tout-à-fait indéterminé. »

L'explication donnée dans le premier paragraphe n'atteint pas l'exemple considéré dans le second, et reste ainsi sans objet ; de même que cet exemple reste lui-même sans explication, puisque le rapport désigné par A étant dans ce cas égal à l'unité, sa valeur n'est ni nulle, ni infinie, ni indéterminée.

J'ai déjà montré dans la *Théorie des Convergents* combien est dérisoire l'explication du même exemple, ajoutée au *Cours d'Analyse* de Sturm dans l'édition imprimée par les soins de M. Prouhet, et reproduite dans l'*Algèbre* de M. Bertrand, annotée par M. Garcet.

Si vous désirez la preuve de la facilité avec laquelle nous acceptons les raisons les plus futiles quand elles émanent d'un auteur en renom, voyez ce qui est arrivé à l'égard de ce passage du *Traité d'Arithmétique* de M. Bertrand :

« Un nombre concret n'est pas un nombre. Quand on « dit 7 litres, le nombre est 7, le mot litre complète l'idée, « mais ne la modifie pas. »

Plusieurs auteurs se sont empressés de répéter : *Le nombre concret n'est pas un nombre.* Le nombre concret est un nombre tout aussi bien qu'un cheval anglais est un cheval. Si la contradiction ne se trouvait pas dans les termes, rien ne serait plus propre à la faire ressortir que l'explication même donnée par l'auteur ; car c'est précisément quand un cheval, par exemple, est complet et non modifié, qu'il est plus absurde de dire qu'il n'est pas un cheval.

Puisqu'il faut conclure, disons donc qu'il n'y a absolument aucune erreur dans nos principes fondamentaux ; et comme c'est au fruit qu'on connaît l'arbre, prions MM. Prouhet et Gérono de nous trouver, soit parmi les nombreuses applications que nous avons faites des principes de la *Théorie des Convergents*, soit partout où il leur plaira de chercher, un seul exemple qui mette en défaut un seul de ces principes ou de mes calculs sur l'infini.

BIBLIOGRAPHIE.

Théorie élémentaire des convergents des fonctions d'une seule variable, par M. Henri Fleury. (Compte rendu par M. Gerono.)

Un *Avertissement* apprend que la rédaction des *Nouvelles Annales de Mathématiques* a refusé d'insérer dans ce journal un article de M. Henri Fleury. L'auteur de l'article trouve que les motifs de ce refus sont entièrement dénués de bon sens; en outre, les objections des rédacteurs du journal lui semblent être en contradiction, et à cet égard sa conviction se fonde sur ce que : il n'entend rien aux objections de l'un des rédacteurs, tandis que dans les objections de l'autre il *voit* une *évidente* absurdité; l'*Avertissement* ne prévient d'aucune autre chose.

Il est sans doute à regretter que M. Fleury n'ait pas mieux apprécié la raison du refus dont il se plaint, et qu'il lui ait été absolument impossible de la voir dans l'inexactitude du raisonnement de son article. La rédaction des *Nouvelles Annales* n'en est pas responsable, car l'un des rédacteurs, M. Prouhet, a mis à lui montrer cette raison des soins qui n'ont eu pour limite que l'évidence de leur inutilité, comme le prouve suffisamment une correspondance que l'auteur de l'article a livrée au public.

Cette confiance inébranlable de l'auteur dans la rectitude de ses idées scientifiques, secondée peut-être par un désir peu réfléchi de publicité, l'a probablement empêché aussi de se rendre un compte exact de ce qu'il y a d'irrégulier à publier des lettres sans y être autorisé par celui qui les a écrites.

Des précédents de cette nature ne permettent guère d'espérer que l'on puisse parvenir à convaincre M. Fleury de l'erreur qui existe dans ses principes fondamentaux. Aussi, ce n'est pas précisément l'objet que je me propose en répondant à l'*Avertissement*. Mais l'auteur est licencié ès sciences mathématiques, et l'assurance avec laquelle il proclame l'exactitude de ses raisonnements pourrait égarer le jugement de quelques-uns de ceux qui n'ont pas encore fait des études aussi prolongées que les siennes : considéré sous ce point de vue, l'*Avertissement* me semble mériter qu'on s'en occupe.

Page IX, on lit :

« M. Prouhet, qui n'a pas le temps de mettre son ob-
« jection dans tout son jour (de la tirer au clair), veut bien
« prendre le temps de m'en faire une nouvelle ; et, parce que
« dans une expression que l'hypothèse $x = \infty$ réduit à

$$\left(\frac{a-a'}{2}\right)x + \frac{b-b'}{2} - \left(\frac{a-a'}{2}\right)x,$$

« je supprime le premier et le dernier terme QUI SE DÉ-
« TRUISENT, il m'écrit : « Vous faites des calculs sur
« l'infini..... »

Ces lignes renferment une erreur qui a pris la forme d'une vérité toute simple : quand deux termes se détruisent, on peut les supprimer, rien n'est plus certain ; seulement, les deux termes dont il s'agit ici ne se détruisent pas, généralement du moins, parce qu'ils ne proviennent que de l'hypothèse $x = \infty$, qui les rend infinis l'un et l'autre, et leur suppression revient à substituer 0 à $0 \times \infty$, ou, si l'on veut, à remplacer $\infty - \infty$ par 0. En voici une démonstration détaillée.

Considérons l'expression

$$\frac{(a-a')x+(b-b')+\delta}{2(1+\varepsilon)} - \left(\frac{a-a'}{2}\right)x,$$

où δ et ε représentent des fonctions de x qui s'annulent pour $x = \infty$. L'hypothèse $x = \infty$ réduit cette expression à

$$\left(\frac{a-a'}{2}\right)x + \frac{b-b'}{2} - \left(\frac{a-a'}{2}\right)x,$$

et si, comme l'affirme l'*Avertissement*, le premier et le troisième terme se détruisent, l'expression considérée est nécessairement réduite à $\frac{b-b'}{2}$ par l'hypothèse $x = \infty$: c'est ce qu'il faut bien se garder de croire.

En effet, pour toute valeur finie de x, on a

$$\frac{(a-a')x+(b-b')+\delta}{2(1+\varepsilon)} - \left(\frac{a-a'}{2}\right)x$$
$$= \frac{(b-b')+\delta-\varepsilon(a-a')x}{2(1+\varepsilon)}.$$

ou, en posant $\frac{-\varepsilon(a-a')}{1+\varepsilon}=x$,

$$\frac{(a-a')x+(b-b')+\delta}{2(1+\varepsilon)}-\left(\frac{a-a'}{2}\right)x=\frac{(b-b')+\delta}{2(1+\varepsilon)}+\frac{\alpha x}{2}.$$

Cette dernière égalité a lieu, quelque grande que soit la valeur attribuée à x ; donc, si le premier membre est réduit à $\frac{b-b'}{2}$ par l'hypothèse $x=\infty$, il en doit être de même du second ; or, le second membre se réduit seulement à $\frac{b-b'}{2}+\frac{\alpha x}{2}$, car le terme $\frac{\alpha x}{2}$ ne peut être supprimé puisque α ne devient nul que pour $x=\infty$. Par conséquent, la réduction des deux termes $\left(\frac{a-a'}{2}\right)x$, $-\left(\frac{a-a'}{2}\right)x$, dont le premier ne provient que de l'hypothèse $x=\infty$, n'est pas mieux fondée en principe que l'égalité $0\times\infty=0$ (*).

Lorsque x représente une variable dont la valeur croît indéfiniment, les deux termes $\left(\frac{a-a'}{2}\right)x$, $-\left(\frac{a-a'}{2}\right)x$ se détruisant, quelque grande que soit la valeur *finie* de x, on peut dire qu'ils se détruisent encore à la limite $x=\infty$; mais ce n'est pas le cas d'une expression dont la réduction a la forme

$$\left(\frac{a-a'}{2}\right)x+\frac{b-b'}{2}-\left(\frac{a-a'}{2}\right)x$$

a seulement lieu pour $x=\infty$; et, supprimer alors les termes $\left(\frac{a-a'}{2}\right)x$, $-\left(\frac{a-a'}{2}\right)x$, c'est, comme le fait observer M. Prouhet, étendre à des expressions qui ne représentent aucune quantité finie les règles du calcul des quantités finies. Peu importe à l'auteur de l'*Avertissement* :

(*) Prenons pour exemple l'expression $x-\frac{x}{1+\frac{1}{x}}$. L'hypothèse $x=\infty$ réduit cette expression à $x-x$. D'après l'*Avertissement*, les deux termes x, $-x$ se détruisent, donc l'hypothèse $x=\infty$ réduit à *zéro* l'expression considérée. Or, pour toute valeur finie de x, on a évidemment

$$x-\frac{x}{1+\frac{1}{x}}=\frac{1}{1+\frac{1}{x}};\quad \text{et, pour } x=\infty,\quad \frac{1}{1+\frac{1}{x}}=1:$$

par conséquent la réduction des deux x, $-x$ conduit à l'égalité $1=0$.

il ne voit aucune différence entre ces deux cas, et c'est lui-même qui en prévient (page x) :

« Les deux termes $\left(\frac{a-a'}{2}\right)x$, $-\left(\frac{a-a'}{2}\right)x$ se dé-
« truisent évidemment, quelque valeur, même infinie, « qu'on suppose à x. Admettons qu'opérer cette réduc- « tion, ce soit faire des calculs sur l'infini ; alors je fais, « je l'avoue, des calculs sur l'infini, et je n'ai pas le « mérite d'être le premier. Ouvrez le *Cours d'Analyse* de « M. Duhamel, et vous pourrez lire à la page 13 (1847) :

« On parle souvent de quantités infinies ; on les soumet « aux mêmes opérations que les quantités finies, et *il est* « *très-important de ne pas se méprendre sur la manière* « *dont ce langage doit être entendu*. »

C'est précisément en cela que M. Fleury s'est mépris, et sa méprise tient peut-être à ce qu'il a seulement eu égard à ces mots : « On parle souvent... » ; mais le passage du *Cours d'Analyse* qu'on a cité ne commence pas ainsi, et le commencement mérite bien d'être rapporté ; nous le rétablissons ici :

« Le mot *infini* est employé pour exprimer l'absence de « limite, de borne quelconque : c'est ainsi que l'espace « et le temps sont dits infinis. *Cette idée exclut évidem-* « *ment celle de toute comparaison sous le rapport de la* « *grandeur*. Néanmoins, pour abréger le discours, on « parle souvent, etc. »

On conçoit que ce commencement ne pouvait servir à justifier la réduction des quantités infinies désignées par les deux termes $\left(\frac{a-a'}{2}\right)x$, $-\left(\frac{a-a'}{2}\right)x$, à moins toutefois d'admettre que l'idée de réduire ces deux quantités *exclut évidemment celle* d'en comparer les grandeurs.

Au reste, le calcul précédemment indiqué (p. 89 et 90) démontre que cette réduction est illusoire, et tout raisonnement qui conduit à une conclusion contraire est, par cela même, un raisonnement erroné.

C'est pourquoi la rédaction des *Nouvelles Annales de Mathématiques* a dû refuser d'insérer dans ce journal l'article de M. Fleury. Nous regrettons que l'auteur de l'article, en informant le public de ce refus, nous ait obligé d'en faire connaître le motif. G.

St-Etienne, imp. Montagny

www.ingramcontent.com/pod-product-compliance
Ingram Content Group UK Ltd.
Pitfield, Milton Keynes, MK11 3LW, UK
UKHW012134240726
13965UKWH00005B/2173

9 782013 457613